特色农产品质量安全管控“一品一策”丛书

黄岩蜜橘全产业链质量安全风险管控手册

于国光　张志恒　主编

中国农业出版社
北　京

编 写 人 员

主　　编　于国光　张志恒

副 主 编　刘高平　郑蔚然

技术指导　杨　华　王　强　褚田芬　黄茜斌
　　　　　赵学平

编写人员　（按姓氏笔画排序）
　　　　　王　燕　王允镔　王伟玲　叶海萍
　　　　　史　婕　任霞霞　刘玉红　杨桂玲
　　　　　陈永强　徐建军　雷　玲

前 言

黄岩的地理和气候非常适合蜜橘生长。黄岩蜜橘为宽皮橘类，果皮橙黄色，果肉柔软化渣，甜酸适口。黄岩是“中国蜜橘之乡”，蜜橘种植历史悠久，目前面积已达6.3万亩，产量6.3万t，产值3.4亿元。

蜜橘生产中，要严格做好质量安全管控，以确保蜜橘的质量安全。如果没有做好质量安全管控，农药残留、重金属污染等可能给蜜橘的质量安全带来较大的风险隐患。这些风险隐患主要来自：蜜橘种植过程中农药使用不规范（超范围、超剂量或浓度、超次数使用农药，以及不遵守安全间隔期等）；土壤、肥料、灌溉水和空气中的铅、镉等重金属超标。这些风险隐患，一定程度上会制约蜜橘产业可持续发展。因此，蜜橘产业迫切需要先进适用的质量安全生产管控技术。编者根据多年的研究成果和生产实践经验，编写了《黄岩蜜橘全产业链质量安全风险管控手册》一书。本书遵循全程控制的理念，在建园、整形修剪、花果管理、土肥水管理、病虫害综合防治、自然灾害防御、采收贮藏等环节提出了控制措施，以更好地推广蜜橘质量安全生产管控技术，保障蜜橘质量安全。

本书在编写过程中，吸收了同行专家的研究成果，参考了国内有关文献资料，在此一并表示感谢。

由于编者水平有限，疏漏与不足之处在所难免，敬请广大读者批评指正。

编　者

2021年6月

目　录

一、黄岩蜜橘概况

黄岩，隶属于浙江省台州市，位于浙江黄金海岸线中部。地势西高东低，西部为丘陵山地，拥有丰富的森林资源，全区森林覆盖率70%；东部属于温黄平原，为河谷水网平原的冲积土、洪积土及滨海沉积土等土壤，土层深厚，有机质含量高，氮、磷、钾、钙、镁及微量元素含量高，特别是永宁江两岸的土壤，在咸水与淡水的交替冲淋灌溉作用下，土壤中营养元素的有效性大大提高，有利于作物根系对土壤养分的吸收。黄岩属中亚热带季风潮湿气候类型，全年气候温暖湿润，四季分明，多年平均气温为17 ℃，全年≥10℃的积温丰富，无霜期长，年日照时数为2 000 h左右，光照充足，降雨充沛。

黄岩的地理和气候非常适合蜜橘的生长。黄岩蜜橘为宽皮橘类，果皮橙黄色，果肉柔软化.渣，甜酸适口。代表品种——本地早，果实扁圆形，果皮薄、较光滑，果肉汁多、有香气；早橘，果实扁圆形；槾橘，果实扁圆形或圆锥形，果皮略粗糙，松脆，有香气，耐贮藏；乳橘，果实扁圆形，橙黄色，风味浓甜、有香气；宫川温州蜜柑，果实扁圆形，皮薄，味甜。黄岩是“中国蜜橘之乡”，蜜橘种植历史悠久。1 700多年前，就有关于黄岩种植蜜橘的史料记载。自唐代开始黄岩蜜橘就成为贡品，南宋绍兴年间台州知府曾宏父诗曰：“一从温台包贡后，罗浮洞庭俱避席”。元代，每年贡橘23 000颗，被称为“天下果实第一”。黄岩作为世界蜜橘的始祖地之一，历来是国内外蜜橘界专家的“朝圣”之地。如今，黄岩蜜橘面积已发展到6.3万亩*，产量6.3万t，产值3.4亿元。

2003年，国家质量监督检验检疫总局正式批准“黄岩蜜橘”为原产地域保护产品。2007年，黄岩蜜橘获得国家地理标志证明商标。2008年，黄岩蜜橘被认定为浙江名牌农产品；黄岩本地早被评为浙江省十大名牌蜜橘。2010年，黄岩蜜橘荣获“中国十大名橘”称号，“黄岩蜜橘”商标被认定为浙江省著名商标，“黄岩蜜橘”被评为浙江区域名牌产品。2011年，黄岩蜜橘被评为浙江名牌产品；2012年，黄岩蜜橘被评为最具影响力中国农产品区域公用品牌100强；2013年、2015年、2017年黄岩蜜橘被评为中国名特优新农产品；黄岩蜜橘的代表品种本地早荣获1995年、1997

---

*亩为非法定计量单位。1亩=1/15 hm^2。——编者注

年、1999年、2001年全国农业博览会金奖，并从2001年开始连年荣获浙江省农业博览会金奖，被评为浙江十大品牌蜜橘和市民最喜爱的十大农产品。2020年，黄岩蜜橘筑墩栽培系统被农业农村部确定为中国重要农业文化遗产。黄岩蜜橘作为黄岩的一张金名片，早已融入一代代黄岩人的血脉，成为黄岩重要的文化符号和物质载体。

二、蜜橘质量安全风险隐患

风险监测和评估结果表明，蜜橘的主要质量安全风险为农药残留和重金属污染。

（一）农药残留

杀虫灯、色板、性诱剂等蜜橘园病虫害绿色防控技术，取得了较大进展，但需要正确使用、长期坚持，才能取得较好的病虫害防治效果。一些蜜橘生产基地对病虫绿色防控技术重视不够、不能长期坚持使用，或者技术掌握不到位、不能正确地把握使用时机和使用方法，影响了病虫害绿色防控的效果。一旦出现病虫害，还是依赖化学农药进行防治，还存在超范围、超剂量或浓度、超次数使用农药，及不

遵守安全间隔期等问题，从而导致农药残留风险。

（二）重金属污染

蜜橘树可以吸收土壤、肥料、空气和水中的重金属，如果不严格控制，土壤、肥料（特别是来自于规模化养殖的有机肥）可能会含有较多的重金属，成为蜜橘中重金属污染的主要来源。此外，蜜橘采收贮藏过程中使用的机械和器具，也可能是重金属污染的另一重要来源。

三、蜜橘质量安全关键控制点及技术

为了消除蜜橘生产过程中的风险隐患，确保蜜橘的质量安全，遵循全程控制的理念，在建园规划、定植、整形修剪、花果管理、土肥水管理、病虫害综合防治、自然灾害防御、采收贮藏等环节提出了控制措施。

（一）质量安全关键控制点

健壮栽培、清洁生产和绿色防控，是减少蜜橘中农药残留和重金属污染，保证蜜橘质量安全的三大重要途径。

1. 健壮栽培——提高蜜橘抗病虫能力

✓ 种苗选育：选择适合当地条件，丰产性好、品质优良、抗逆性强的优良品种，如东江本地早、早熟温州蜜柑等。

✓ 平衡施肥：适时、适量施肥。

✓ 科学修剪：通过科学修剪，营造良好的树冠，并防止病虫害的发生和蔓延。

2. 清洁生产——创造有利于蜜橘树健康、不利于病虫害发生

的环境，对农业投入品中重金属进行控制，采收贮藏过程中要清洁生产

✓产地环境：产地环境符合国家标准要求，生态环境优良。

✓清洁田园：及时清除病枝病叶，减少病虫害的发生。

✓农业投入品：控制肥料中的重金属。

✓采收贮藏：明确操作者、器具和材料的卫生要求，以避免微生物和细菌、病菌的侵染；明确器具和材料中重金属的限量要求，避免重金属的迁移污染。

3.绿色防控——减少化学农药的使用

✓优先选用农业防治、物理防治、生物防治等病虫害防控措施。

✓选用高效低毒低残留的农药种类，降低蜜橘中的农药残留风险。

（二）四大关键技术

1.科学修剪

蜜橘树的科学修剪可以达到以下目的：一是增强树冠的通风

透光性，提高光合作用效能，防止树冠郁闭。二是调节树体的营养分配，减少非生产性养分消耗，促进蜜橘优质丰产。三是调节树体生长与结果的关系，使营养枝、花枝、结果枝的比例合理，防止形成大小年结果。四是增强树势，及时更新衰老枝组，延长盛果期年限。五是培育优良结果母枝，增加坐果量。六是剪除受病虫危害的枝叶，减少病虫源，控制病虫害蔓延。在蜜橘园管理中，蜜橘树的科学修剪是重要的环节之一，要根据蜜橘树不同时期（幼树、初结果树、盛果树、衰老树）的特点和要求，进行科学修剪，并与土肥水管理、病虫害防治等措施相配合，达到使树体健壮、优质、丰产、稳产的目的。

2. 平衡施肥

做好蜜橘园的施肥工作，在为蜜橘树提供营养物质的同时，可以改良土壤，为蜜橘树生长创造良好的土壤生态条件，从而健壮树势、减少病虫害的发生，使蜜橘生产获得优质高产。

研究表明，土壤有机质含量2.5%以上比较适宜于蜜橘优质丰产。因此，建议加强测土配方，根据需求增施有机肥，适当配施微量元素肥。增施有机肥的主要途经有：① 增施有机粪肥。堆肥、沤肥、饼肥、人畜粪肥、河湖泥等都是良好的有机肥。② 套种绿肥。蜜橘园冬季套种苜蓿、紫云英、箭筈豌豆、蚕豆等，夏季套种印度豇豆等。③ 提倡蜜橘园生草栽培或秸秆覆盖。

3. 病虫害绿色防控

在蜜橘园的病虫害防控中，应优先选用农业防治、物理防治、生物防治等绿色防控措施。其中，杀虫灯、色板和性诱剂诱杀等物理防控技术，取得了较大的进展，也起到了较大的作用。

(1) 杀虫灯。尽量选择天敌友好型杀虫灯。大面积、连片使用，效果最佳。安装时按照产品说明，一般每15 ~ 30亩安装1盏杀虫灯，可根据实际地形、地貌设置，适当调整安装密度。不能过多、过密地安装杀虫灯。在开灯过程中，严格控制每天的开灯时段，以免严重杀伤害虫的天敌，从而破坏生态平衡。

(2) 色板。色板可有效地诱杀蚜虫、粉虱等害虫。色板的悬挂密度为30 ~ 50张/亩。需要注意的是，要避免过多、过密悬挂色板；否则，害虫的天敌会被大量杀伤。悬挂2 ~ 3周后更换，色板拆除后妥善安置，防止污染蜜橘园环境。

（3）性诱剂诱杀。可使用潜叶蛾、斜纹夜蛾、果蝇等害虫的性诱剂，诱捕害虫。每亩悬挂性诱捕器1 个，高度2~3 m。性诱剂具有专一性，只对特定的害虫起作用。因此，要根据害虫的发生特点和规律，在害虫的防治适期选择特定的性诱捕器，并按照说明书安装使用。要根据要求，及时更换性诱剂或性诱剂诱芯。

4. 合理使用农药

病虫害发生比较严重，农业防治、物理防治、生物防治等措施达不到病虫害防控需要时，要科学合理地选择和使用化学农药进行病虫害的防治。

“选对药”。根据蜜橘病虫害发生种类和情况，选择合适的农药、对症下药，特别是在登记农药中选择高效低风险的农药。

“合理用”。把握好农药的使用要点，如最佳的使用时间（病虫害发生前期或初期）、使用方式等；提倡药剂轮换使用，以免害虫对农药抗性增强。

“安全到”。严格把控农药的施药量或施药浓度、施药次数和安全间隔期，确保蜜橘质量安全。

四、蜜橘生产十项管理措施

（一）建园规划

1. 园地选择

⑴ 气候条件。年平均气温15～21℃，≥10℃的有效积温4 500℃以上，绝对最低气温大于-9℃，平均降水量1 000 mm以上。

⑵ 地形地貌。平地，选择不易发生涝灾、排灌方便、地下水位1 m以下的土地。坡地，选择向阳避风，坡度小于25°，海拔低于300 m的缓坡。

⑶ 产地环境。按《绿色食品 产地环境质量》（NY/T 391）要求执行。

（4）土壤。土壤质地良好，疏松肥沃，有机质含量在1.5 g/kg以上，土层深厚，活土层厚度60 cm以上，排水良好，土壤pH 5.5 ~ 6.5。

2. 园地规划

（1）果园道路。主干道贯穿全园并与外路相通，能通行汽车；支道与主干道衔接，并与果园小区相连，能通行拖拉机和小型果园机械；果园内设置人行耕作通道。

（2）排灌设施。修建排灌和蓄水设施，达到雨后不积水，干旱能灌溉的目的。

（3）防护林营造。防护林应选择速生树种，并与蜜橘没有共生性病虫害。

（4）坡地建梯田，平地起垄或筑墩。坡地果园应建梯田，梯田间距（行距）3.5 ~ 4.5 m；坡度较大的果园，梯台宽应达到3.0 m以上；梯田后壁留草带或耕作通道；梯田外沿筑梯梗，后挖背沟。梯面略向内倾斜，梯地水平走向有3% ~ 5%的比降。梯田最高一层上面设拦洪沟，沿盘山路内侧开排水沟。

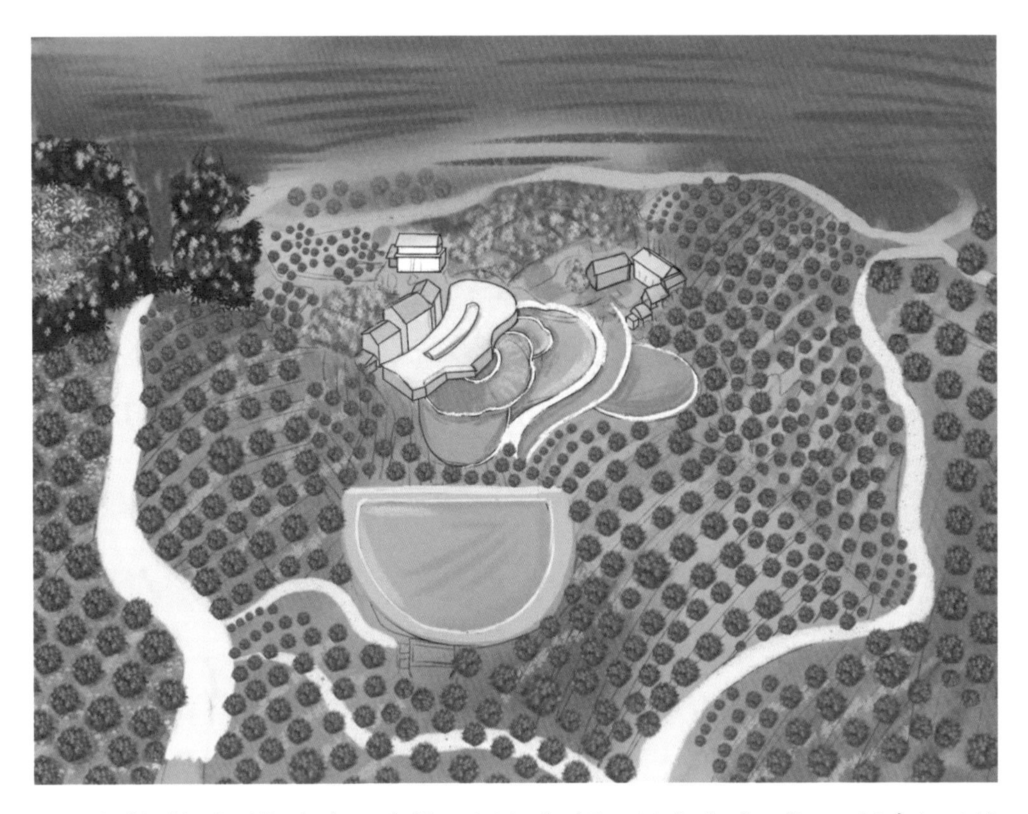

地势较高排水畅通的平地蜜橘园适合起垄。行间开沟，将沟中的泥土搬放到畦面上，形成宽1.6 ~ 2.0 m、高0.6 ~ 0.8 m的长条形土垄。地下水位较高的园地适合筑墩。橘墩以平墩，即荸荠形较好，能较好地吸水保水。筑橘墩一般在秋后进行。先确定橘墩的中心位置，然后沿中心点画直径1.5 ~ 2.0 m的圆圈，把圈内的土壤挖出，成30 ~ 40 cm深的穴，表土放在一边，分层施入腐熟的有机肥料至畦面平。将心土叠在橘墩周围，内填表土，并加150 ~ 220 kg淡土（土壤含盐量低）筑成底宽1.8 ~ 2.0 m、高80 cm、墩面宽75 ~ 80 cm的平墩。

（二）定植

1.品种选择

选择适合当地环境条件、丰产性好、品质优良、抗逆性强的优良品种，如东江本地早、早熟温州蜜柑、特早熟温州蜜柑、红美人杂柑、葡萄柚等。

2.苗木要求

苗木质量应符合表1的规定。

表1　苗木质量要求

种类	级别	苗木径粗（cm）	苗木高度（cm）	分枝数量（条）	根系	检疫性病虫害
宽皮蜜橘、杂柑、橙类	1	≥ 1.0	≥ 50	≥ 3	发达	无
	2	≥ 0.7	≥ 45	≥ 2	发达	无
柚	1	≥ 1.2	≥ 60	≥ 3	发达	无
	2	≥ 0.9	≥ 50	≥ 2	发达	无

注：苗木径粗是指嫁接口以上3 cm处的直径；分枝数是指苗高25 cm以上处的分枝数量。

3. 定植时间

春植在2月下旬至3月下旬春梢萌芽前，秋植在9—10月。容器苗和带土移栽不受季节限制，推荐选择二年生无病毒营养钵大苗种植。

4. 定植密度

根据品种特性和建园规划，行距3.5 ~ 4.5 m，株距2 ~ 3.5 m。

5. 定植方法

种植前先挖好种植沟或定植穴，深度在80 cm以上。种植穴的底部填入腐熟的有机肥，并与土壤拌匀。定植时填上肥沃的泥土，将苗木根系理直，苗木要栽直，让嫁接口露出地面。泥土盖实后，要踏实，并浇足定根水。保持土壤湿润，遇干旱天气应勤浇稀薄肥水，树盘覆盖保湿，发现死苗，及时补植。

（三）整形修剪

1. 树形

低干以自然开心形为主，也可选用变则主干形。树冠3 m以下，干高15 ~ 25 cm，主枝3 ~ 4条，主枝的开张角度45°

以上。主枝上配备不同方位的副主枝2～3条，副主枝上培养结果枝群。

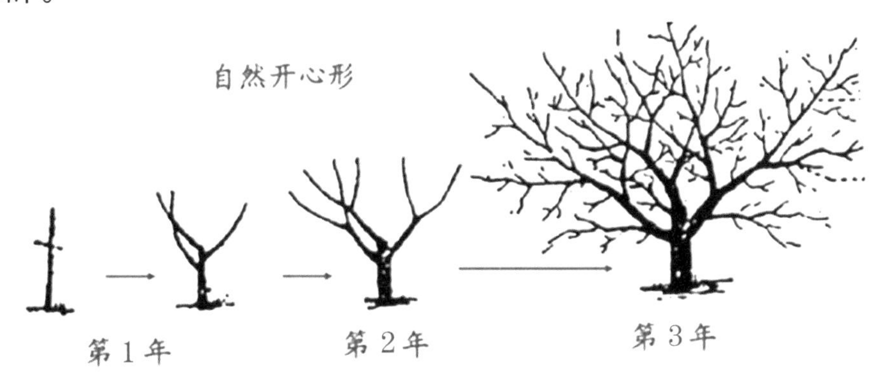

2. 修剪时间

休眠期修剪时间为11月至翌年3月。生长期可根据不同品种特点，进行抹芽、摘心、拉枝、剪除徒长枝、疏除营养枝等辅助修剪。

3. 修剪方法

修剪顺序为先大枝后小枝，先上后下。

剪口、锯口应平整，锯口或大伤口应涂封蜡或用杀菌剂保护，再用嫁接膜包扎伤口。

对多次抹芽后产生的叶节瘤，应在最后一次抹芽时剪除。

4. 修剪要求

(1) 幼树。以培养树冠为主，重点培养主枝、副主枝，合理布局侧枝群。以轻剪为主，避免过多疏剪和重短截。内膛枝和树冠中下部较弱的枝梢一般应保留，疏除过密枝条。运用抹芽、拉枝、摘心等手段培养枝梢。

(2) 初结果树。继续培育扩展树冠，适量结果，合理安排培育辅养枝和结果枝组。对过长的营养枝留8 ~ 10片叶及时摘心，疏除过密枝条，回缩或短截结果后枝组。根据树势合理留果，注意疏果。对旺长树采用环割、断根、控水等促花措施。

(3) 盛果树。遵循“三稀三密原则”，即：大枝稀，小枝密；上部稀，下部密；外部稀，内部密。及时回缩结果枝组、落花落果枝组和衰退枝组。剪除枯枝、病虫枝。对树冠郁闭的树，可适度疏剪，开出“天窗”，将光线引入内膛。修剪应因树制宜，花量较大时适量疏花和疏果。对无叶枝组在重疏删基础上，对大部分或全部枝梢进行短截处理。根据具体情况灵活掌握，删密留疏，控上促下，控外促内，疏除、回缩过密大枝或侧枝，控制行间交叉和树冠高度，保持树冠凹凸、上小下大、通风透光、立体结果。

(4) 衰老树。进行回缩修剪，对副主枝、侧枝轮换回缩修剪或全部更新树冠，更新结果枝组。一般修剪量每年不超过20 %，促发下部和内膛新结果枝组，逐步更新复壮树冠，延长结果年限。大枝修剪后的伤口及时涂保护剂。经更新修剪后促发的夏、秋梢，短截长势强的，疏除衰弱的，保留中庸的枝条。

（四）花果管理

1. 疏花疏果

花蕾期疏花，7月定果后疏果。

(1) 疏花。冬季修剪以短截、回缩为主。多花树在春季适度剪去花枝，以减少花量；强枝适当多留花，弱枝少留或不留；有叶花多留，无叶花少留或不留；抹除畸形花、病虫花等。幼树在投产前应彻底疏花。

(2) 疏果。根据不同品种控制叶果比，疏果时先疏除小果、病虫果、畸形果、密弱果。大果型的，均匀疏果，如红美人杂柑；小果型的，可以部分枝条全疏果，如早熟、特早熟温州蜜柑等。

2. 保花保果

4月底至6月底。

(1) 控梢保果。对于结果树，控制新梢生长，适当疏删与结果有冲突的春梢营养枝，抹除第2次生理落果前抽发的夏梢，或摘心、环剥控制枝梢生长。

(2) 营养和激素保果。根据树体营养状况，开花后进行根外追肥，补充树体所缺的各种营养元素，宜用0.3%尿素加0.2%磷酸二氢钾和0.15%硼砂喷施叶面。

(3) 激素保果。不提倡使用；但遇花期、谢花期异常高温(30 ℃以上) 时，可用50 mg/kg的赤霉素等植物生长调节剂喷花保果。

（五）土肥水管理

1. 土壤管理

(1) 深翻改土。在秋梢停止生长后，从树冠外围滴水线处开始，由内向外扩展，深度20 ~ 40 cm，回填时混以绿肥、秸秆或腐熟的人畜粪尿、堆肥、饼肥等有机肥，表土放在底层，心土放在表层，浇足水分。土壤pH小于5.5时，加施土壤调理剂。

（2）园地覆盖与培土。

① 园地覆盖。

覆盖范围：覆盖在须根密生分布处，离主干10 ~ 20 cm，其面积等于或大于树冠投影面积，幼龄树不小于定植穴面积。

覆盖时间：7月上旬梅雨季结束后；冬季在冷空气来临前覆盖。

覆盖方法：疏松覆盖区表土，均匀铺上5 ~ 15 cm厚的秸秆、绿肥等。

② 培土。培土一般在冬季进行，可结合防冻进行。培土可采用无污染或经无害化处理的塘泥、河泥及其他肥沃土壤，注意不要盖住嫁接口。

（3）间作绿肥，深翻压绿。

① 间作绿肥。选择与蜜橘无共生性病虫、浅根性矮生作物，以豆科作物和绿肥为主。

② 计划生草。未实施间作的园地可计划生草，3—6月、10—11月生草，7—9月高温干旱时割草覆盖。

③ 深翻压绿时间。冬季绿肥在4月下旬至5月下旬深翻压绿；夏季绿肥在干旱时割绿覆盖抗旱，干旱过后再深翻压绿。

2. 施肥

(1) 施肥原则。按《肥料合理使用准则　通则》(NY/T 496)

和《绿色食品　肥料使用准则》(NY/T 394) 规定执行。多施有机肥，限量施用无机肥，结合土壤检测和叶片营养诊断配方施肥。

(2) 幼龄树施肥。定植当年，3月至8月中旬，每月施1次速效肥；8月下旬至11月上旬停止施肥；11月中下旬施越冬肥。肥料以氮肥为主，配合使用磷钾肥。投产前每次抽发新梢前施1次速效肥；11月中下旬施越冬肥。氮：磷：钾以1：0.3：0.5左右为宜。

(3) 结果树施肥。

① 施肥时间。

a. 芽前肥。2月下旬至3月中旬。

b. 壮果肥。果实迅速膨大期。

c. 采后肥。果实采收后。

② 施肥量。根据蜜橘品种和树势，以亩产为2 000 kg的本地早为标准，施肥量如下：

a. 芽前肥。施肥量占全年的15%～25%，每亩9～15 kg配方肥（如21-5-15）。

b. 壮果肥。施肥量占全年的25%～35%，每亩18～26 kg配方肥（如18-6-18）配施2 ～ 4 kg硫酸二氢钾。

c.采后肥。以有机肥为主，施肥量占全年的40% ～ 60%，每亩250 kg饼肥或其他有机肥，加24 ～ 40 kg配方肥（如21-5-15）和10 ～ 20 kg过磷酸钙或钙镁磷肥。

③ 补充微量元素。

补锌：春叶转绿至成熟期补充锌元素。

补硼：在花蕾期至盛花期补充硼元素。

补钙：春叶转绿时叶面喷施钙元素，缺钙果园，每年增加钙镁磷肥或石灰的施用。

其他微量元素，因缺补缺，及时补充。

(4) 施肥方法。

① 土壤施肥。可采取环状、放射状、条状沟施或穴施，有条件的蜜橘园可采用微喷和滴灌施肥。

② 根外追肥。在不同的生长发育期，选用不同种类的肥料进行叶面追肥。高温干旱期应按使用浓度范围的下限施用，且一般选择傍晚、阴天进行喷施；低温季节宜在晴天中午前后进行喷施。

3. 水分管理

(1) 灌溉。灌溉用水质量按照《农田灌溉水质标准》(GB 5084) 规定执行。蜜橘幼苗期、春梢萌动、开花期及果实膨大期对水分敏感，出现旱情应及时灌溉。如遇高温干旱，灌水应在早晨或傍晚进行，不应在中午高温时灌水。

(2) 排水。多雨季节或园内有积水应及时排水。果实采收前1～2个月注意控制水分，遇到多雨天气，可通过地膜覆盖或树冠覆膜，降低土壤水分含量，提高果实品质。

(六) 病虫害综合防治

1. 防治原则

按照“预防为主，综合防治”的总方针，以农业防治为基础，根据病虫害发生规律，因时、因地制宜，综合运用农业防治、生物防治、物理防治，尽量减少化学防治，安全、经济、有效地控制病虫害。

2. 防治措施

(1) 农业防治。

① 严格执行国家规定的植物检疫制度，选用无病毒苗木。

② 加强栽培管理，健壮树势，如增施有机肥，控制氮肥施用量；合理修剪，使树体通风透光；及时清淤，防止园内积水等。

③ 清洁果园。加强冬季清园，及时清除病虫危害的枯枝、落叶、落果，集中处置，减少病虫源。

④ 抹芽控梢，统一放梢。

(2) 物理防治。

① 利用部分害虫对某种颜色、气味的爱好，在园内挂色板或用糖醋进行诱杀，每亩悬挂色板30 ~50张。

② 每15~30亩悬挂1盏杀虫灯，诱杀潜叶蛾、卷叶蛾等。

③ 人工捕杀天牛、金龟子、卷叶蛾、蜗牛等。

(3) 生物防治。

① 注意保护和利用瓢虫、寄生蜂、食蚜蝇等天敌，发挥生物防治作用，用有益生物消灭有害生物，以虫治虫，以菌治虫，维护自然界的生态平衡。

② 每亩悬挂性诱捕器1个，高度2~3 m，诱芯每20~30 d更

换1次。

③ 应用生物源、矿物源农药防治病虫害。

(4) 化学防治。

① 化学农药使用执行《农药合理使用准则》(GB 8321) 和《绿色食品　农药使用准则》(NY/T 393) 的规定。

② 加强病虫测报，做好虫情调查，把握防治适期。

③ 选用高效、低毒、低残留和对天敌杀伤力低的药剂，合理交替使用，并严格遵守安全间隔期。

蜜橘主要病虫害防治方法见附录2。蜜橘树上禁止使用的农药品种见附录3。

（七）自然灾害防御

1. 台风防御

(1) 台风预防。

① 建园时选择避风的园地，营造防风林带。

② 矮化树冠，提高树体自身的抗风能力。

③ 台风来临前加固树体和枝干，减少大风对树体摇动带来的损伤。

④ 完善排灌设施建设，保持排水顺畅。

(2) 灾后补救。

① 开沟排水，减少根系损害，清理污物。

② 扶正树体，并立支架固定，做好培土护根工作。

③ 及时剪除折断的枝梢，并在伤口涂保护剂。

④ 台风造成蜜橘园淹水的，要松土透气。对受淹严重的蜜橘园进行适度修剪，减少树体的消耗，对结果多的蜜橘树，可疏去部分或全部果实。

⑤ 台风后及时根外追肥，补充营养，喷施杀菌剂防治病害。

2. 冻害防御

(1) 防冻措施。

① 适地适栽。选择良好的地形地势，高标准建园，营造防护林带。选用耐寒的品种和耐寒的砧木。

② 加强水肥管理，控制结果量和晚秋梢，培育健壮的树势，提高蜜橘树抗冻能力。

③ 树体防护。生石灰、硫黄粉、水、食盐、动植物油按照0.5 kg：0.1 kg：（3～4）kg：（60～80）g：（30～50）g的比例混合调匀，涂刷主干和大枝。用稻草包裹树干，培土覆盖根颈。

④ 保湿增温。在寒潮来临前，树盘灌水保湿；树冠喷布抑蒸保温剂，增强树体抵抗力。

⑤ 搭防冻棚、设防风障、用遮阳网覆盖树冠、地面覆膜等方法来防止树体和根系受冻。大棚设施栽培的蜜橘，可采用双膜覆盖提高棚内温度。在寒潮来临时，棚内可采用加热设备进行加热。

(2) 冻后护理。

① 及时摘除受冻卷曲干枯挂树叶片，防止枝梢失水枯死。

② 中耕培土和施肥，解冻之后及时在树冠下松土，开沟排水，改良土壤通气条件。施肥要早施、薄施。对冻前长期干旱，未灌水的蜜橘园应及时灌溉。喷施叶面肥促进树势恢复。

③ 根据冻害程度进行修剪。轻冻树，剪去受冻枝梢，掌握轻剪多留叶的原则。中冻树，待气温回升，受冻枝死活交界线明显时，可在萌芽处进行更新修剪。重冻树，修剪推迟到主

干萌芽，确定死活交界线之后，再进行更新修剪，在枝干健部处剪除受冻干枯枝，修剪后要进行伤口保护，枝干涂白，防止日灼。

④ 加强防治病虫害，及时喷洒药剂。

3. 干旱防御

(1) 完善水利排灌设施建设，有条件的蜜橘园建立蜜橘园肥水滴灌系统。加强蜜橘园管理，增施有机肥，改善土壤的物理特性，提高土壤的保水能力。

(2) 节水灌溉。出现旱情后，根据水源条件选择合适的方式进行灌溉，促使果实正常发育。也可选用树冠喷水，每隔3 ~ 5 d在傍晚喷清水（或喷低浓度叶面肥）来缓解旱情。

(3) 树盘覆盖。实施生草栽培，生物覆盖园地，有利于提高保水抗旱能力。梅雨季节结束后即进行树盘覆盖，厚度10 ~ 20 cm，可充分利用地面杂草，或秸秆等覆盖物，降低土壤温度，减少土壤水分蒸发。

(4) 防日灼。裸露的树干及大枝用石灰水涂白，或覆盖遮阳网、稻草等，顶部果实套袋，防止日灼。

（八）采收贮藏

1. 采收

(1) 采收时期。鲜销的果实应在全面着色、成熟，固酸比达到各品种应有的要求时采收。贮藏的蜜橘在九成熟、果皮转色面积达到2/3时采收。早晨露水未干或浓雾未散时不宜采收。遇大风大雨天气，则应在风雨结束后顺延2d采收。

(2) 采收方法。

① 选择圆头、刀口锋利的橘剪。采果盛放器具应轻便牢固，内壁光滑，内垫柔软物。

② 采收人员应剪平指甲，戴上手套，以免在果面留下伤痕。

③ 从下到上，由外到内依次采摘。

④ 采用“复剪法”采果。第1剪在距果蒂1 cm附近处剪下，再齐果蒂剪第2剪。果蒂应平整，萼片完整。

⑤ 采下的果实不可随地堆放，避免日晒雨淋。

⑥ 果实在采摘和转运过程中应轻拿轻放，防止挤压、碰撞，减少翻倒次数，以免果实损伤。

2. 贮藏

采收后不直接销售的蜜橘应进行贮藏。

(1) 防腐保鲜。采后24 h内，用50%抑霉唑乳油1 000 ~ 1 500倍液和40 μL/L的2，4-滴浸果1 min，进行防腐保鲜。

(2) 预贮。将经过防腐保鲜处理后的蜜橘放在通风良好、干燥凉爽的预贮库中，进行降温除湿，预贮时间一般3~5 d。

(3) 贮藏、堆放方式及管理。

① 贮藏方式。

a. 常温贮藏。可选用普通的民房或专门的通风库作为库房，有箱藏、堆藏等方式。

b. 冷藏。贮藏的蜜橘装入贮藏箱内，放在冷藏库内进行贮藏。冷库温度保持3 ~ 8℃，相对湿度（85±5）%，不同品种略有差异。贮藏量应根据冷库大小和堆垛方式而定。

② 堆放方式。

a. 堆藏。应先在地面上铺垫沙等软物，上铺聚乙烯薄膜；然后将果实轻放于上面，一般堆果高度不超过5层。

b. 箱贮。可用竹筐、藤篓、塑料箱等用具贮果，用具内壁必须平整、洁净。竹篓、藤篓要衬垫软物。容器贮果重量以20~30 kg为宜。叠放高度在1.5 m以下，每2 m宽左右间隔50 cm，每10 m长间隔50 cm，堆码。果实不宜装满容器，容器上方应留2~10 cm空间。

③ 贮藏管理。做好库房遮光、通风、保温、保湿工作。贮藏期间注意检查，发现有腐烂果实及时处理。

3. 标志及包装

(1) 包装。按《苹果、柑桔包装》(GB/T 13607) 有关规定执行。

(2) 标签。销售包装的标签应符合《食品安全国家标准预包装食品标签通则》(GB 7718) 的规定，包装储运图示标志应符合《包装储运图示标志》(GB/T 191) 的规定。

包装标志：在外包装上应标明生产单位名称、地址、产品名称（黄岩蜜橘)、品种、果品规格 (S、M、L)、果品等级（优级、一级、二级)、净含量、装箱日期、小心轻放、防晒防雨警示等内容。

4. 运输

(1) 运输工具。必须清洁、干燥、卫生、无异味；不得与有毒、有害、有异味物品混运；运输过程中应有防晒、防雨、防冻措施。

(2) 装卸过程中应轻拿轻放。

（九）产品的质量要求及检测

1.产品质量要求

(1) 果品规格。按果实横径大小划分为S、M、L 3种规格，果实规格见表2。装箱时果实大小之间不能超过10 mm。

表2　果实规格

品种	S(mm)	M(mm)	L(mm)
本地早	45 ≤ *D*<50	50 ≤ *D*<60	60 ≤ *D*<65
早橘	50 ≤ *D*<55	55 ≤ *D*<65	65 ≤ *D*<70
槾橘	55 ≤ *D*<60	60 ≤ *D*<70	70 ≤ *D*<80
乳橘	30 ≤ *D*<40	—	40 ≤ *D*<50
宫川温州蜜柑	50 ≤ *D*<60	60 ≤ *D*<70	70 ≤ *D*<75

注：*D* 为果实横径。

(2) 质量等级。每个规格分为优级果、一级果、二级果3个等级。各级果实要求完整新鲜、果面洁净、风味纯正、香甜可口，应符合表3的规定。

表3　各级果实要求

等级	要　　求
优级果	果形端正、果面光洁，果实完全着色，果蒂完整，剪口平滑，斑疤面积最大的不得超过 3 mm，斑疤面积总计不超过果皮总面积的 3%。不得有机械伤。无腐烂果。串级果不超过 10%，不得有隔级果
一级果	果形端正、果面光洁，果实 90% 以上着色，果蒂完整，剪口平滑，斑疤面积最大的不得超过 4 mm，斑疤面积总计不超过果皮总面积的 5%。不得有机械伤。无腐烂果。串级果不超过 10%，不得有隔级果
二级果	果形端正、果面尚光洁，果实 80% 以上着色，果蒂完整，剪口平滑，斑疤面积最大的不得超过 5 mm，斑疤面积总计不超过果皮总面积的 10%。机械伤不超过 5%。无腐烂果。串级果不超过 10%，不得有隔级果

(3) 理化指标。果实理化指标应符合表4的规定。

表4　果实理化指标

项　　目	指标值
可食率(%)	≥ 70.0
可溶性固形物(%)	≥ 11.5
总酸(以柠檬酸计)(%)	≤ 1.0

(4) 安全指标。蜜橘中污染物限量应符合《食品安全国家标准　食品中污染物限量》(GB 2762) 的规定。农药最大残留限量应符合《食品安全国家标准　食品中农药最大残留限量》(GB 2763) 的规定。

2. 产品检验

产品应进行检验，合格后方可上市销售。检验报告至少保存两年。

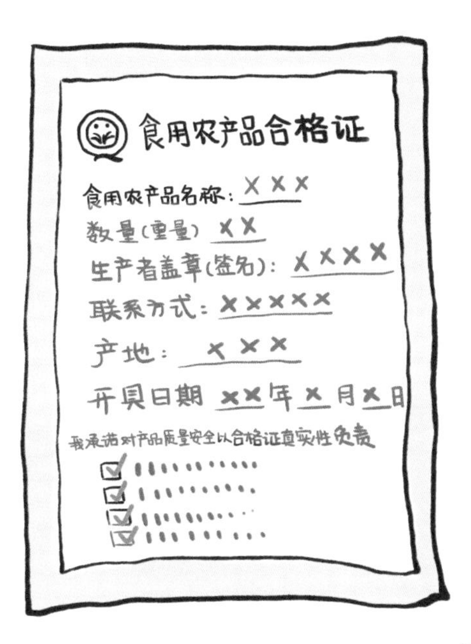

（十）生产记录与产品追溯

1.生产记录

（1）详细记录主要农事活动，特别是农药和肥料的购买及使用情况（如名称、购买日期和购买地点、使用日期、使用量、使用方法、使用人员等），并保存2年以上。

（2）应记录上市蜜橘的销售日期、品种、数量及销售对象、联系电话等。

（3）禁止伪造生产记录，以便实现蜜橘的可溯源。

2. 产品追溯

鼓励应用二维码等技术，建立蜜橘追溯信息体系，将蜜橘生产、加工、流通、销售等各节点信息互联互通，实现蜜橘产品从生产到消费者的全程质量管控。

五、蜜橘生产投入品管理

（一）农资采购

农资采购做到“三要三不要”。

一要看证照

要到经营证照齐全、经营信誉良好的合法农资商店购买。不要从流动商贩或无证经营的农资商店购买。

二要看标签

要认真查看产品包装和标签标识上的农药名称、有效成分及含量、农药登记证号、农药生产许可证号或农药生产批准文件号、产品标准号、企业名称及联系方式、生产日期、产品批号、有效期、用途、使用技术和使用方法、毒性等事项，查验产品质量合格证。不要盲目轻信广告宣传和商家的推荐。不要使用过期农药。

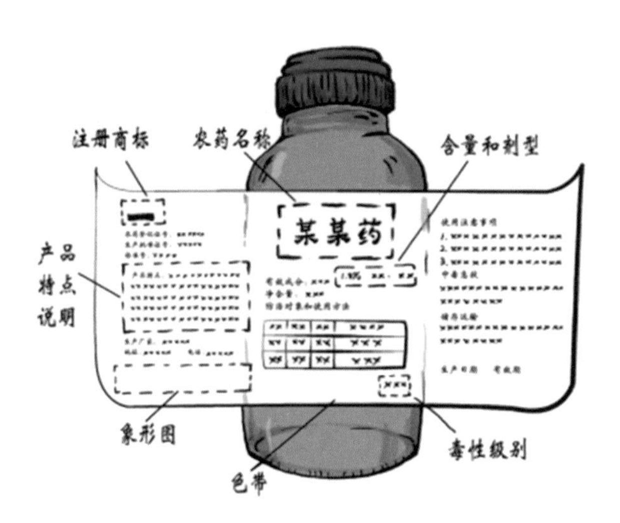

三要索取票据

要向农资经营者索要销售凭证，并连同产品包装物、标签等妥善保存，以备出现质量等问题时作为索赔依据。不要接收未注明品种、名称、数量、价格及销售者的字据或收条。

（二）农资存放

应设置专门的农业投入品仓库，仓库应清洁、干燥、安全，有相应的标识，并配备通风、防潮、防火、防爆等设施。不同种类的农业投入品应分区存放；农药可以根据不同防治对象分区存放，并清晰标识，避免错拿。危险品应有危险警告标识，有专人管理，并有进出库记录。

（三）农资使用

为保障操作者身体安全，特别是预防农药中毒，操作者作业时须佩戴保护装备，如帽子、保护眼罩、口罩、手套、防护服等。

身体不舒服时，不宜喷洒农药。

喷洒农药后，出现呼吸困难、呕吐、抽搐等症状时应及时就医，并准确告诉医生喷洒农药的名称及种类。

（四）废弃物处置

剩余药液或过期的药液，应妥善收集和处理，不得随意丢弃；农药使用后的包装物（空农药瓶、农药袋等）应收集后转运至农药废弃包装物回收网点，由专业单位进行无害化处理。

六、产品认证

蜜橘生产企业应积极申请绿色食品认证和农产品地理标志产品授权，实施品牌化经营管理；鼓励蜜橘生产企业进行有机生产和认证。

无公害农产品

无公害农产品，是指产地环境、生产过程和产品质量符合国家有关标准和规范的要求，经认证合格获得认证证书并允许使用无公害农产品标志的未经加工或者初加工的食用农产品。

绿色食品

绿色食品，是指产自优良生态环境、按照绿色食品标准生产、实行全程质量控制并获得绿色食品标志使用权的安全、优质食用农产品及相关产品。

有机农产品

有机农产品，是根据有机农业原则和有机产品生产方式及标准生产、加工出来的，并通过合法的有机产品认证机构认证并颁发证书的农产品。

农产品地理标志

农产品地理标志，是指标示农产品来源于特定地域，产品品质和相关特征主要取决于自然生态环境和历史人文因素，并以地域名称冠名的特有农产品标志。

附　　录

附录 1　农药基本知识

农药分类

杀　虫　剂

主要用来防治农、林、卫生、贮粮及畜牧等方面的害虫。

杀 菌 剂

对植物体内的真菌、细菌或病毒等具有杀灭或抑制作用，用以防治作物的各种病害的药剂。

除 草 剂

用来杀灭或控制杂草生长的农药，也称除莠剂。

植物生长调节剂

指人工合成的或天然的具有植物激素活性的物质。

农药毒性标识

农药毒性分为剧毒、高毒、中等毒、低毒、微毒5个级别。

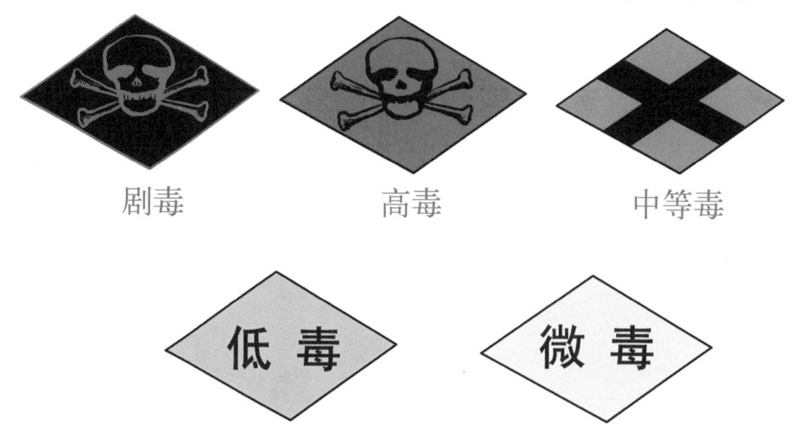

象形图

象形图应当根据产品实际使用的操作要求和顺序排列，包括贮存象形图、操作象形图、忠告象形图、警告象形图。

贮存象形图	放在儿童接触不到的地方，并加锁
操作象形图	配制液体农药时　配制固体农药时　喷药时
忠告象形图	戴手套　戴防护罩　戴防毒面具 用药后需清洗　戴口罩　穿胶靴
警告象形图	危险 / 对家畜有害　危险 / 对鱼有害，不要污染湖泊、池塘和小溪

附录 2　蜜橘主要病虫害防治方法

序号	防治对象	防 治 方 法
1	清园	冬季或早春休眠期，喷施石硫合剂、松脂酸钠等进行清园
2	疮痂病	1. 采用无病苗木，增施有机肥，春夏季排出积水，改善果园环境 2. 春梢芽 2 mm 左右、花谢 2/3 及幼果期，可选用 80% 代森锰锌可湿性粉剂 600 ～ 700 倍液、250 g/L 嘧菌酯悬浮剂 1 200 ～ 2 000 倍液、30% 唑醚·戊唑醇悬浮剂 2 500 ～ 3 500 倍液、10% 苯醚甲环唑水分散粒剂 1 500 ～ 2 500 倍液等药剂
3	树脂病	1. 加强园地栽培管理，增强树势 2. 春梢萌发期，喷施 80% 代森锰锌可湿性粉剂 600 ～ 700 倍液；花谢 2/3、6 月中下旬幼果期，喷施 25% 吡唑醚菌酯可湿性粉剂 1 500 ～ 2 000 倍液
4	黑点病	1. 加强园地栽培管理，增强树势 2. 春梢萌发期防治叶片黑点病，喷施 80% 代森锰锌可湿性粉剂 600 ～ 700 倍液；防治果实黑点病，花谢 2/3 开始 100 d 内，可选用 80% 代森锰锌可湿性粉剂 600 ～ 700 倍液、70% 甲基硫菌灵可湿性粉剂 1 500 ～ 2 000 倍液等药剂

（续）

序号	防治对象	防治方法
5	炭疽病	1. 加强肥水管理，合理整枝修剪，增施有机肥，增强树势 2. 新梢抽发期、幼果期、大风暴雨过后，可选用80%代森锰锌可湿性粉剂600～700倍液、250 g/L嘧菌酯悬浮剂1 200～2 000倍液、10%苯醚甲环唑水分散粒剂1 500～2 500倍液、30%唑醚·戊唑醇悬浮剂2 500～3 500倍液等药剂 3. 遇到台风、干旱或树势衰弱时，应及时喷药
6	黄龙病	1. 严格检疫，采用无病毒苗木 2. 加强栽培管理，保持树势健壮，提高耐病能力 3. 新梢抽发期喷药消灭蜜橘木虱，保护新梢，可选用22.4%螺虫乙酯悬浮剂4 000～5 000倍液、10%虱螨脲悬浮剂3 000～5 000倍液等药剂 4. 及时挖除病树并销毁
7	溃疡病	1. 严格检疫，采用无病毒苗木 2. 减少果实和叶片损伤 3. 发病前期或初期，可选用47%春雷·王铜可湿性粉剂750～1 000倍液、77%氢氧化铜可湿性粉剂500～1 000倍液、28%波尔多液悬浮剂100～150倍液等药剂，6月以后忌用铜制剂

（续）

序号	防治对象	防治方法
8	红蜘蛛	1. 加强栽培管理，实行生草栽培，改善园内环境，保护和利用天敌 2. 春季可选用24%螺螨酯悬浮剂4 000 ~ 5 000倍液、110 g/L乙螨唑悬浮剂5 000 ~ 7 500倍液等药剂；夏秋季可选用24%螺螨酯悬浮剂4 000 ~ 5 000倍液、99%矿物油乳剂200 ~ 300倍液等药剂
9	锈壁虱	1. 加强栽培管理，实行生草栽培，改善园内环境，保护和利用天敌 2. 春梢期、7—10月，可选用99%矿物油乳剂200 ~ 300倍液、24%螺螨酯悬浮剂6 000 ~ 8 000倍液等药剂
10	介壳虫	重点抓住第1代若虫盛孵期，一般5月下旬至6月中旬，可选用99%矿物油乳剂200 ~ 300倍液、22.4%螺虫乙酯悬浮剂4 000 ~ 5 000倍液、25%噻嗪酮可湿性粉剂2 000 ~ 2 500倍液等药剂，连喷2次，间隔10 d
11	粉虱	1. 剪除生长衰弱及密集的虫害枝，使果园通风透光，加强栽培管理，增强树势，保护和利用天敌 2. 可选用5%啶虫脒乳油2 000 ~ 4 000倍液、25%噻嗪酮1 500 ~ 2 000倍液等药剂

（续）

序号	防治对象	防 治 方 法
12	蚜虫	1. 冬、夏结合修剪，剪除有虫、卵的枝梢，移出园外销毁；夏、秋梢抽发时，结合摘心和抹芽，去除零星夏梢，剪除全部冬梢和晚秋梢，减少虫源 2. 果园悬挂杀虫灯、色板诱杀 3. 4—5 月、8—9 月虫害较严重，可选用 10% 吡虫啉可湿性粉剂 4 000 ~ 5 000 倍液、5% 啶虫脒乳油 2 000 ~ 4 000 倍液、25% 噻虫嗪水分散粒剂 10 000 ~ 12 000 倍液等药剂
13	潜叶蛾	1. 剪除有越冬幼虫或蛹的晚秋梢并烧毁 2. 统一放梢；新梢大量抽发期，采用性诱剂诱捕成虫 3. 新梢大量抽发期，可选用 0.3% 印楝素乳油 400 ~ 600 倍液、5% 啶虫脒乳油 2 000 ~ 4 000 倍液、4.5% 高效氯氰菊酯乳油 2 500 ~ 3 000 倍液等药剂
14	贮存病害	采后 24 h 内，用 50% 抑霉唑乳油 1 000 ~ 1 500 倍液和 40 μL/L 的 2，4- 滴浸果 1 min

附录 3　蜜橘树上禁止使用的农药品种

根据中华人民共和国农业部公告 第199号，第632号，第1157号，第1586号，第2032号，第2445号，农业农村部公告第148号，农业部、工业和信息化部、国家质量监督检验检疫总局公告第1745号，浙政办发〔2001〕34号，食药监〔2013〕208号等规定，以下农药禁止在蜜橘树上使用：

六六六，滴滴涕，毒杀芬，二溴氯丙烷，杀虫脒，二溴乙烷，除草醚，艾氏剂，狄氏剂，汞制剂，砷类，铅类，敌枯双，氟乙酰胺，甘氟，毒鼠强，氟乙酸钠，毒鼠硅，甲胺磷，对硫磷，甲基对硫磷，久效磷，磷胺，苯线磷，地虫硫磷，甲基硫环磷，磷化钙，磷化镁，磷化锌，硫线磷，蝇毒磷，治螟磷，特丁硫磷，氯磺隆，胺苯磺隆，甲磺隆，福美胂，福美甲胂，三氯杀螨醇，林丹，硫丹，溴甲烷，氟虫胺，杀扑磷，百草枯，2，4-滴丁酯，氟虫腈，甲拌磷，甲基异柳磷，克百威，水胺硫磷，氧乐果，灭多威，涕灭威，灭线磷，内吸磷，硫环磷，氯唑磷，乙酰甲胺磷，丁硫克百威，乐果。

国家新禁用农药自动录入。

附录 4　蜜橘中农药最大残留限量（GB 2763—2019）

序号	农药名称	最大残留 (mg/kg)	是否登记
1	2，4- 滴和 2，4- 滴钠盐	0.1	登记
2	2 甲 4 氯(钠)	0.1	登记
3	阿维菌素	0.02	登记
4	百草枯	0.2*	禁用
5	百菌清	1	登记
6	苯丁锡	1	登记
7	苯菌灵	5*	登记
8	苯硫威	0.5*	否
9	苯螨特	0.3*	否
10	苯醚甲环唑	0.2	登记
11	苯嘧磺草胺	0.05*	登记
12	吡丙醚	2	登记
13	吡虫啉	1	登记

（续）

序号	农药名称	最大残留 (mg/kg)	是否登记
14	苄嘧磺隆	0.02	登记
15	丙炔氟草胺	0.05	登记
16	丙森锌	3	登记
17	丙溴磷	0.2	登记
18	草铵膦	0.5	登记
19	草甘膦	0.5	登记
20	除虫脲	1	登记
21	春雷霉素	0.1*	登记
22	哒螨灵	2	登记
23	代森联	3	登记
24	代森锰锌	3	登记
25	代森锌	3	登记
26	单甲脒和单甲脒盐酸盐	0.5	登记
27	稻丰散	1	登记

（续）

序号	农药名称	最大残留 (mg/kg)	是否登记
28	敌草快	0.1	登记
29	丁氟螨酯	5	登记
30	丁硫克百威	1	禁用
31	丁醚脲	0.2*	登记
32	啶虫脒	0.5	登记
33	毒死蜱	1	登记
34	多菌灵	5	登记
35	噁唑菌酮	1	登记
36	二氰蒽醌	3*	登记
37	氟苯脲	0.5	否
38	氟虫脲	0.5	登记
39	氟啶虫胺腈	2*	登记
40	氟啶脲	0.5	登记
41	氟硅唑	2	登记

（续）

序号	农药名称	最大残留 (mg/kg)	是否登记
42	复硝酚钠	0.1*	登记
43	甲氨基阿维菌素苯甲酸盐	0.01	登记
44	甲基硫菌灵	5	登记
45	甲氰菊酯	5	登记
46	腈菌唑	5	登记
47	克菌丹	5	登记
48	苦参碱	1*	登记
49	喹硫磷	0.5*	登记
50	乐果	2*	禁用
51	联苯肼酯	0.7	登记
52	联苯菊酯	0.05	登记
53	螺虫乙酯	1*	登记
54	螺螨酯	0.5	登记
55	氯氟氰菊酯和高效氯氟氰菊酯	0.2	登记

（续）

序号	农药名称	最大残留 (mg/kg)	是否登记
56	氯氰菊酯和高效氯氰菊酯	1	登记
57	氯噻啉	0.2*	登记
58	马拉硫磷	2	登记
59	咪鲜胺和咪鲜胺锰盐	5	登记
60	嘧菌酯	1	登记
61	萘乙酸和萘乙酸钠	0.05	否
62	氰戊菊酯和 S- 氰戊菊酯	1	登记
63	炔螨特	5	登记
64	噻虫胺	0.5	登记
65	噻菌灵	10	登记
66	噻螨酮	0.5	登记
67	噻嗪酮	0.5	登记
68	噻唑锌	0.5*	登记
69	三氯杀螨醇	1	否

（续）

序号	农药名称	最大残留 (mg/kg)	是否登记
70	三唑磷	0.2	登记
71	三唑酮	1	否
72	三唑锡	2	登记
73	杀铃脲	0.05	登记
74	杀螟丹	3	登记
75	杀扑磷	2	禁用
76	虱螨脲	0.5	登记
77	双胍三辛烷基苯磺酸盐	3*	登记
78	双甲脒	0.5	登记
79	四螨嗪	0.5	登记
80	肟菌酯	0.5	登记
81	戊唑醇	2	登记
82	烯啶虫胺	0.5*	登记
83	烯唑醇	1	登记

（续）

序号	农药名称	最大残留 (mg/kg)	是否登记
84	溴菌腈	0.5*	登记
85	溴螨酯	2	登记
86	溴氰菊酯	0.05	登记
87	亚胺硫磷	5	登记
88	亚胺唑	1*	登记
89	烟碱	0.2	否
90	乙螨唑	0.5	登记
91	抑霉唑	5	登记
92	唑螨酯	0.2	登记
93	倍硫磷	0.05	否
94	苯线磷	0.02	禁用
95	虫酰肼	2	否
96	除虫菊素	0.05	否
97	敌百虫	0.2	登记

（续）

序号	农药名称	最大残留 (mg/kg)	是否登记
98	敌敌畏	0.2	登记
99	地虫硫磷	0.01	禁用
100	啶酰菌胺	2	登记
101	对硫磷	0.01	禁用
102	多杀霉素	0.3*	否
103	氟吡甲禾灵和高效氟吡甲禾灵	0.02*	否
104	氟虫腈	0.02	禁用
105	氟氯氰菊酯和高效氟氯氰菊酯	0.3	登记
106	咯菌腈	10	否
107	甲胺磷	0.05	禁用
108	甲拌磷	0.01	禁用
109	甲基对硫磷	0.02	禁用
110	甲基硫环磷	0.03*	禁用
111	甲基异柳磷	0.01*	禁用

（续）

序号	农药名称	最大残留 (mg/kg)	是否登记
112	甲霜灵和精甲霜灵	5	否
113	甲氧虫酰肼	2	否
114	腈苯唑	0.5	否
115	久效磷	0.03	禁用
116	抗蚜威	3	否
117	克百威	0.02	禁用
118	邻苯基苯酚	10	否
119	磷胺	0.05	禁用
120	硫环磷	0.03	禁用
121	硫线磷	0.005	禁用
122	氯虫苯甲酰胺	0.5*	否
123	氯菊酯	2	否
124	氯唑磷	0.01	禁用
125	嘧霉胺	7	否

（续）

序号	农药名称	最大残留 (mg/kg)	是否登记
126	灭多威	0.2	禁用
127	灭线磷	0.02	禁用
128	内吸磷	0.02	禁用
129	杀虫脒	0.01	禁用
130	杀螟硫磷	0.5*	否
131	杀线威	5*	否
132	水胺硫磷	0.02	禁用
133	特丁硫磷	0.01*	禁用
134	涕灭威	0.02	禁用
135	辛硫磷	0.05	登记
136	氧乐果	0.02	禁用
137	乙酰甲胺磷	0.5	禁用
138	蝇毒磷	0.05	禁用
139	增效醚	5	否

（续）

序号	农药名称	最大残留 (mg/kg)	是否登记
140	治螟磷	0.01	禁用
141	艾氏剂	0.05	禁用
142	滴滴涕	0.05	禁用
143	狄氏剂	0.02	禁用
144	毒杀芬	0.05*	禁用
145	六六六	0.05	禁用
146	氯丹	0.02	否
147	灭蚁灵	0.01	否
148	七氯	0.01	否
149	异狄氏剂	0.05	禁用
150	保棉磷	1	否

注：* 表示该限量为临时限量。

图书在版编目（CIP）数据

黄岩蜜橘全产业链质量安全风险管控手册 / 于国光，张志恒主编. —北京：中国农业出版社，2022.3
（特色农产品质量安全管控“一品一策”丛书）
ISBN 978-7-109-29155-3

Ⅰ. ①黄…　Ⅱ. ①于… ②张…　Ⅲ. ①橘—产业链—质量管理—安全管理—手册　Ⅳ. ①S666.2-62

中国版本图书馆CIP数据核字(2022)第032006号

中国农业出版社出版
地址：北京市朝阳区麦子店街18号楼
邮编：100125
责任编辑：杨晓改　耿韶磊　　责任校对：吴丽婷
印刷：中农印务有限公司
版次：2022年3月第1版
印次：2022年3月北京第1次印刷
发行：新华书店北京发行所
开本：787mm×1092mm 1/24
印张：$3\frac{1}{3}$
字数：150千字
定价：48.00元
